"LOS TRAGARRELOJES DE PAPALÁ"

© Carlos Bernardo González León

Bogotá D. C. Colombia

"Los tragarrelojes de Papalá"

Contenido

Papalá y el tiempo	3
¿Y el reloj de la torre...?	7
El grupo de investigación	8
Tragarrelojes	11
Guerra a muerte	16
Adopción secreta	18
Descubrimientos	23
El ataque final	26
Renacimiento	30

Papalá y el tiempo

En Papalá lo más importante para los hombres era el tiempo: El transcurrir de la vida. Los abuelos, los padres y los maestros en la escuela, enseñaban a los niños desde muy pequeños a no perder el tiempo y las diferentes técnicas para ahorrarlo.

Si había algunos minutos refundidos por ahí, nadie estaba tranquilo, había que buscarlos hasta encontrarlos, sobre todo los minutos que eran tan juguetones y escurridizos. Un minuto podía perderse muy fácilmente al sentarse a esperar un bus, en la demora por tomar una decisión o en el momento de enamorarse.

Pero... ¿Si valía la pena buscarlos? Pues en ello se iba otro tiempo más. Y, bueno, allí estaba el círculo otra vez.

Grupos de jóvenes habían puesto en seria discusión si los minutos que se perdían cuando alguien se enamoraba eran realmente una pérdida, porque bien valía la pena invertir el tiempo en tan maravillosa experiencia, decían los jóvenes. A los ancianos les parecía escandaloso, pero uno de ellos sonreía silenciosamente al recordar aquellos amores felices que tuvo en su época, por tan pocos minutos.

Lo primero era aprender a medir y contar el tiempo. Los Papalagui, así se llamaba a los habitantes de Papalá, adoraban los pulsos, es decir todo aquello que sucedía y se repetía una y otra vez en el tiempo, como las gotas de agua de un grifo que no cierra o el golpeteo de un martillo en el trabajo, como el corazón que late cada segundo sin parar, el caminar sin prisa y sin pausa de un largo viaje, o como el sol que sin falta aparece en las montañas cada mañana.

Así se sentían muy cerca a la eternidad.

Cualquier cosa que un papalagui hiciera como caminar, serruchar en el taller o empacar productos en una fábrica, la hacía con ritmo, como si estuviera bailando o tocando algún instrumento musical, todo ello significaba ahorro de tiempo. Eran amantes de la música, el baile y la arquitectura, artes que realizaban con esmerada precisión. Y a las que le dedicaban el tiempo de su vida.

Anhelaban la eternidad. La idea de prolongar la vida indefinidamente era uno de los sueños y mitos más difundidos. La literatura, los cuentos e historietas, hablaban de las hazañas de héroes que habían conquistado la eternidad. Se esforzaban por evitar que la vejez se notara en sus casas, objetos y pertenencias. Así nada tenía aspecto de viejo, las reliquias y antigüedades testigas de su historia, parecían nuevas. No había museos en Papalá, toda ella era un museo.

Se veían relojes por todas partes. De sol en cada esquina, de arena en las cocinas, un gran cucú en el comedor o en la mesa de noche el despertador. Cargaban aparatos para medir el tiempo, pequeños péndulos, marcapasos, cronómetros de bolsillo y de pulsera.

Relojero era la profesión más admirada y respetada, los había desde quienes tenían un pequeño taller artesanal de reparaciones en el garaje de su casa, hasta los dueños de verdaderos imperios de diseño, insuperables en belleza, precisión y calidad, con fábricas que exportaban "Papalinos" famosos en el mundo entero.

Cada parroquia y su iglesia tenían su santo de devoción que era el reloj. El campanario anunciaba y les recordaba qué debían hacer. Madrugar, bañarse a tiempo o la hora exacta de las comidas.

Esta fascinación por el tiempo y su medida trajo manías, tics y enfermedades desconocidas, de pronto sin aviso, se veía que alguien que caminaba por la calle, de un momento a otro se quedaba indefinidamente repitiendo un paso hacia adelante y de vuelta hacia atrás, sin avanzar ni retroceder. Y podía durar así unos minutos o varias horas, en un acto repetitivo de la vida cotidiana.

Algunos se quedaban lavando los dientes. Otros prendiendo y apagando la luz.

Pero lo más curioso y frecuente era ver cuando dos Papalagui se aproximaban por la acera y se encontraban de frente, para pasar cada uno daba un paso al lado, pero ambos se decidían al tiempo por el mismo lado, no podían pasar y se quedaban enfrentados como en un espejo, dando pasos a derecha e izquierda indefinidamente, hipnotizados en un baile perpetuo. Y como ya se sabía que no valían sustos ni cosquillas para sacarlos de ese trance, los transeúntes preferían no perder el tiempo.

= ¡Ya se le pasará! − . Decían despreocupados.

Y de pronto sin saber por qué ni cómo, dejaban súbitamente de bailar, se saludaban amablemente, ofrecían venias y disculpas para cederse el paso y continuaban su camino.

Papalá fue un precioso país lleno de grandes personajes, inventos y monumentos.

En la plaza central se levantaba una inmensa catedral con siete torres de bronce y en la más alta y central se erigía una obra maestra de la precisión, la belleza y el talento de los mejores artesanos y artistas constructores de relojes.

El magistral reloj central de Papalá. Orgullo y admiración de sus habitantes.

Los domingos la plaza se llenaba de gente que venía de los lugares más apartados para ajustar su reloj con el de la torre central.

En su época de oro este país fue admirado por turistas que venían de lejanas tierras y respetado como una de las naciones más ricas e importantes.

¿Y el reloj de la torre...?

Un día al amanecer el párroco de la catedral advirtió que ¡el reloj no estaba!

¿Cómo?

El mitológico reloj central de la séptima torre de la catedral había desaparecido.

El párroco miraba una y otra vez frotándose los ojos, porque no podía creer lo que sus ojos no veían... Empezó a faltarle el aire y a respirar con dificultad, su corazón latía cada vez más veloz y antes de desmayarse exclamó.

¡El reloj de la torre ha desaparecido!

y cayó tendido sobre los brazos de tres acólitos y un sacristán que corrían a auxiliarle.

La noticia no tardó en regarse por el país. La plaza se llenó de curiosos, indignados y manifestantes que protestaban.

La policía, los bomberos y agentes de inteligencia del gobierno cercaron el lugar e iniciaron las investigaciones.

Llegaron periodistas de todos los países y la televisión trasmitía en los noticieros, el hueco que había quedado en la torre de la catedral y el inmenso vacío en el alma de los Papalagui.

– ¡Terrorismo internacional! – Decían algunas de las versiones que circulaban, otros hablaban de brujería y una señora recorría la plaza con los brazos al cielo gritando, – ¡Castigo divino! –

Era inexplicable.

El presidente en reunión extraordinaria con sus ministros y asesores mandó llamar a Ugar Tom, el famoso relojero, artista, diseñador que construyó el desaparecido reloj de la torre.

El grupo de investigación

Ugar Tom consideró necesario conformar un grupo élite de especialistas y expertos para averiguar lo que había ocurrido.

Para ello mandó llamar a Mari Gorín, su joven amiga doctora en medicina y cirugía. Especialista en biotecnología de clasificación de especies. Descubridora del virus de la impaciencia, que no es un defecto humano, como se había pensado hasta entonces, sino una enfermedad. Contra la que se dedicaba a encontrar la vacuna.

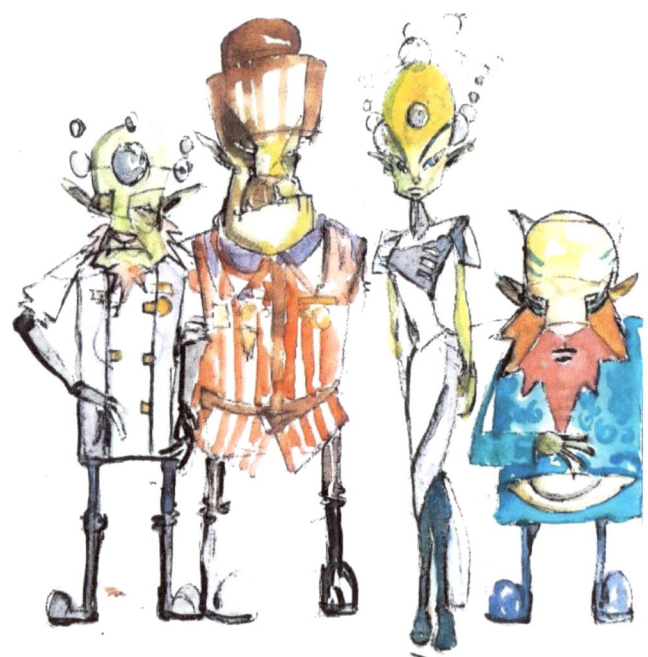

Cuando Ugar tomó el teléfono para comunicarse con Mari Gorín, entró aparatosamente un gigante de dos metros con cincuenta al despacho presidencial. Era Tato Ming el guerrero, experto en golpes de asalto, explosivos y desapariciones repentinas. Detectó a Ugar con el teléfono en la mano y una mirada bastó para examinar a todos y cada uno de los ministros, asesores, secretarias y guardias. Quienes saludaron la entrada del carismático personaje con un silencio expectante. Sus estudios en oriente de artes marciales y la disciplina taoísta, le mantenían en alerta permanente y por eso había sido enviado de inteligencia militar para apoyar al presidente.

Se sentó y reclamo. – ¿Qué estamos esperando? –

Ugar Tom continuó marcando el teléfono y los asistentes disolvieron su atención en murmullos y comentarios.

No tardaron en llegar los agentes de confianza del presidente.

Durín Flat, semióloga, experta en lenguas y dialectos. Dedicada al estudio de comunicaciones silenciosas, trabalenguas y mensajes cifrados. Y Kody Lancer, lógico matemático especialista en laberintos y rompecabezas.

Entraron portando gabardinas, sombreros blancos de ala ancha y anteojos de carey transparente. Saludaron al presidente y después de pasearse sonriendo a los presentes, se sentaron frente a la mesa conversando sobre las últimas teorías de la comunicación.

La última en llegar fue Amila Nuta, ex–agente de inteligencia secreta, post–grado en sicología social, especialista en investigación de incógnitas profundas y enigmas insolubles. Recorrió el salón con una entrada espectacular, luciendo un traje negro sobre su esbelta figura. Reconocida por su trabajo en defensa de los derechos de la mujer y los niños. Esta hermosa dama había desatado una fuerte corriente política y filosófica que atraía a grandes masas y adeptos de la población de Papalá. Se sentó a conversar con Durín Flat y Kody Lancer.

El grupo élite a la cabeza de Ugar Tom, inició el trabajo de investigación en ausencia de la doctora Mari Gorín, a quien se le llamó por teléfono, por celular y beeper, se le dejaron razones y mensajes, pero nunca llegó.

Tomaron huellas, examinaron rastros, recogieron muestras e indicios, calcularon las dimensiones exactas, reconstruyeron los hechos, paso por paso, determinaron el tiempo y la distancias... Y después de largas reuniones y análisis, conjeturas y discusiones, llegaron a una sola conclusión:

¡El reloj había sido tragado!

= ¿Tragado?... ¿Cómo así? – Preguntó el presidente.

= ¡Si, comido, devorado... almorzado! – Aclaró Kody Lancer.

Pero... ¿Es posible... y quién pudo tragarse un reloj? – Volvió a preguntar.

= No lo sabemos. – Contestaron en coro.

= Encontramos saliva y restos de piel, pelos en varias partes. La forma como fueron arrancados los chazos de sustentación indica mordiscos, poderosos mordiscos con la fuerza de una pala mecánica, pero el rastro y el material impregnado en las paredes, demuestra que fueron dientes y uñas. Pudo haber sido un animal o varios. Se encontraron también rastros de orines o un líquido muy similar que despide un fuerte olor. =

Estas fueron las declaraciones del grupo investigador nombrado por el gobierno:

= ¡El reloj fue devorado en la noche por alguna especie de animal muy raro, de boca bastante grande a lo mínimo cincuenta centímetros de ancho, muy fuerte pero no más alto de un metro, hasta el momento imposible de identificar. Fue muy rápido, tenía demasiada hambre o tal vez fueron muchos. ¡No podemos dar más información por el momento! –

Y se fueron a descansar.

Tragarrelojes

= ¡Atención, alerta...! Siete casos de desaparición de relojes públicos en la ciudad, con características similares a la de la torre de la Catedral, fueron reportados en los últimos minutos.

¡Últimas noticias! Invasión de la ciudad por desconocidas criaturas que se tragan los relojes del país. Fuentes de inteligencia secreta informan que en el sur fueron encontrados túneles por donde se cree que escaparon. Algunos dicen que se trata de extraterrestres. Nadie ha logrado ver o identificar a estas extrañas criaturas que amenazan la seguridad nacional.

La ciudad y todo el país se ha declarado en emergencia por invasión. El gobierno a decretado ley marcial, el toque de queda y solicita a los habitantes de Papalá estar alerta, crear grupos de vigilancia y notificar cualquier indicio a las autoridades. =

Esta fue la noticia que se escuchó esa noche en toda la nación y por supuesto nadie pudo dormir.

Ugar Tom, este veterano relojero, se encontraba en su casa, sentado con su familia frente al televisor, intentaba descansar y pensar con calma sobre lo que estaba sucediendo, antes de dormir.

– ¡A dormir niños! Es tarde y mañana hay que madrugar. –

Dijo la mujer a sus hijos, Ugui y Dana quienes corrieron a dar un beso de buenas noches a su papá.

– Papá... – Dijo Dana asustada – ¿...Esos animales que contaron en la televisión, pueden meterse a nuestra casa para comerse nuestros relojes? –

Antes de que su padre contestara, Ugui su hermano se adelantó.

– Si, pueden meterse a cualquier parte, pero si vienen a comerse los relojes transportadores de mi papá yo los agarro a golpes de karate Ninja, les doy una vuelta y "pun...", al suelo, después llamo a ... –

A Ugui le vino a la mente un pensamiento aterrador.

– ¡Papá... ¿Esos monstruos se comen a las personas? –

– No hijo, solo comen relojes, pero tranquilos que no va a pasar nada, vayan a dormir. –

Dana se fue a dormir con miedo, mientras se ponía el pijama no podía dejar de imaginar que debajo de su cama se escondía un monstruo y que en cualquier momento le podía agarrar los pies, saltó muy rápido y se metió entre las cobijas. Pero luego era la ventana, esa ventana y afuera negro, Dana se tapaba la cara con las cobijas, creía que de un momento a otro aparecería por la ventana un... No quería ni pensar en eso.

Ugui en lugar de ir a dormir, se metió en el laboratorio de su papá, acostumbrado a jugar con los aparatos, tomó varias alarmas con censores de calor y sonido, las colocó en las esquinas de la casa, en las ventanas, en las entradas y salidas, las conectó en serie al automático del computador. Luego adaptó su juguete de lanzar aviones para poder disparar bolas grandes de cristal. Colocó su "arma" al lado de su cama y se acostó a dormir tranquilo.

Los pensamientos de Ugar en el silencio de la noche no lo dejaban dormir, le pareció escuchar ruidos que provenían de su laboratorio...

Se levantó sigiloso y se dirigió a escuchar tras la puerta del laboratorio. ¡Efectivamente eran ruidos...! Abrió velozmente la puerta para sorprender al intruso y...

¡Allí estaba!

Un pequeño monstruo de color violeta de unos ochenta centímetros de altura con una tremenda boca llena de dientes desordenados y dos ojillos desorbitados muy juntos en medio de la cabeza descansaba recostado con las patas cruzadas sobre sus libros, como si tomara el sol en la playa y saboreaba deliciosamente uno de sus relojes, comía y lo destrozaba como si fuera un bizcocho de hojaldre y mantequilla.

¿Qué tal el fresco?

Ugar no podía creer lo que veía.

El monstruo, se alteró ante la presencia de Ugar, se apresuró a comer, tomó los relojes que quedaban en la estantería y tras unos saltos increíbles intentó salir por el mismo túnel por donde entró, pero Ugar reaccionó y tapó el hueco con la tapa de la basura.

Lo curioso fue que cuando el pequeño se encontró sin salida, no atacó. Se arrinconó temeroso por las paredes y orinó, de inmediato se dio a escarbar otro túnel a una velocidad insólita. Antes de que desapareciera bajo la tierra, Ugar lo haló de las patas, pero recibió un formidable mordisco en la mano, solo quería que le soltara, si hubiese querido le habría arrancado la mano.

El ruido despertó a Ugui, quien desde la puerta del laboratorio disparaba sus bolas de cristal. El monstruo reía, aplaudía y saltaba feliz para atrapar con la boca las bolas que comía divertido.

Era el momento, Ugar tomó un bate rápidamente y cuando iba a propinar un golpe mortal sobre la criatura, ella hizo un gesto de angustia y con una tímida sonrisa se volteó y puso su trasero listo a recibir el impacto. Tan impresionado quedó Ugar, que no fue capaz de golpearlo. El tragarrelojes, aprovechó el minuto perdido, empujó la tapa y se esfumó dentro del túnel.

¡Lo dejaste escapar...! Dijo Ugui sorprendido.

Su hijo tenía razón, Ugar sabía que no podía tenerles compasión, que se tragarían sus relojes, que acabarían con el resto de la ciudad, sabía como soldado, como agente del grupo élite de investigación que tenía la misión y obligación de acabar con esta plaga monstruosa de tragarrelojes, pero no pudo matarlo. Su sensibilidad, su espíritu de indagación, su curiosidad por entender el corazón de esta criatura, sin saber si era un ser humano, es decir con alma, inteligencia y sentimientos o... ¿Un feroz animal? En todo caso era un engendro tan especialmente raro que no fue capaz de destruirlo.

Ugar se quedó pensando y al rato reaccionó, notificó por teléfono a su grupo de trabajo y a las autoridades, echó una mirada con Ugui en los alrededores de la casa y después de tranquilizar y acostar a su hijo, tomó sus instrumentos y se dedicó a investigar. No encontró un solo reloj, había huellas y residuos, se veían pequeños charcos de orines por todo el laboratorio, como si no pudiera controlar sus esfínteres.

Al revisar su computador, encontró que el sistema de video estaba grabando, había sido conectado accidentalmente por su hijo cuando quiso poner las alarmas, todos los movimientos del bicho desde el momento en que entró habían sido grabados. ¡Qué maravilla! Y se sentó a revisar cuidadosamente la grabación.

El tragarrelojes asomaba primero la cabeza por el túnel, de un vistazo se aseguraba de que no había nadie en el lugar... y con un salto y una venia saludaba hacia la cámara. ¿Cómo era posible, sabría que estaba siendo grabado?

El video mostraba cómo, por el mismo túnel, entraron varios de ellos dando volteretas y saltos mortales, detectaron de inmediato los relojes, los tomaban y se los ofrecían amablemente unos a otros, se daban abrazos, besos y caricias de agradecimiento, finalmente se los comían, los devoraban con tanto gusto que a Ugar se le hacía la boca un pantano. Agarraron cuanto reloj encontraron y salieron por el túnel. Sólo uno se quedó recostado sobre los libros y fue el que vio Ugar esa noche.

= Esto lo tienen que ver todos. –

Y salió con el video bajo el brazo.

Guerra a muerte

Esa noche se inició un infierno interminable, las quejas se multiplicaron, nadie sabía cómo defenderse de seres tan extraños, las gentes organizaron grupos armados, el ejército y la policía, acostumbrados tan solo a las marchas, desfiles y cambios de guardia, combatían con dificultad a un enemigo imprevisible y escurridizo que se escondía debajo de la tierra.

En cualquier momento aparecían por las alcantarillas y les rapaban el reloj a los transeúntes desprevenidos.

El ingenio y el trabajo de los papalagui se orientó al diseño y construcción de máquinas y armas para la guerra.

La población guardaba sus relojes en cajas fuertes con rejas y candados o los escondían en los lugares más recónditos, construían fuertes muros de piedra y concreto, pero los tragarrelojes se las ingeniaban para burlarlos y llegar hasta ellos.

Dos tragarrelojes sorprendidos por agentes de policía fueron abaleados cuando asaltaban una joyería, los cadáveres fueron llevados urgentemente a la sede del grupo élite para averiguar cómo y de qué habían muerto.

Solo hasta enterarse de la aparición de las criaturas, apareció la doctora Mari Gorín en compañía de tres cirujanos de medicina legal, hicieron una disección completa de los cuerpos. Estudiaron la circulación, determinaron la jerarquía en los signos vitales. Encontraron que el sistema nervioso y el cerebro estaban completamente cristalizados. Reconstruyeron el recorrido de las balas, pero...

¡No había balas, ni hemorragias, ni órganos destruidos!

Las balas de plomo habían atravesado los tejidos musculares resbalando como jabón y se alojaron en el cuerpo sin daño visible. Pero fueron disueltas y absorbidas por sus cuerpos, el plomo contaminó el sistema nervioso y murieron envenenados.

El grupo élite anunció que fue el plomo, atención, ese metal blando y pesado con que se hacen las balas, el que había envenenado a los tragarrelojes y no las heridas de bala que penetraban como mantequilla en sus cuerpos sin hacerles daño.

La noticia se corrió por toda la población.

En las casas, los almacenes y fábricas forraron sus pisos y paredes de plomo, los constructores de relojes remplazaron todas las piezas posibles por plomo, los niños usaban caucheras para lanzar trozos de plomo y los más ingeniosos diseñaron trampas y jaulas en el mismo material para capturarlos vivos.

Hicieron de cada hombre un soldado, de cada casa un comando y de cada barrio, un cuartel.

La guerra era a muerte.

Y los tragarrelojes morían por toneladas, salían envenenados de túneles y alcantarillas tambaleándose y caían muertos por las calles o eran blanco de tiradores y caucheras.

Con máquinas excavadoras buscaron bajo la tierra y descubrieron pequeñas habitaciones familiares con nidos gigantes llenos de huevos de tragarrelojes que terminaron aplastados por los enfurecidos papalagui.

Cientos de cuerpos inertes de estos pequeños monstruos fueron trasladados a la plaza central, algunos capturados vivos con trampas no resistían mucho tiempo sin comer, les tiraban relojes viejos o repuestos dañados para mantenerlos con vida, también recogieron huevos en buen estado para estudiarlos.

Ya no se veían relojes por ahí, los comerciantes y acaparadores los tenían escondidos en bodegas con muros de plomo, vigilados por guardias armados.

La población no podía controlar el sueño, dormían tres o cuatro días seguidos y al despertarse no sabían cuánto tiempo llevaban durmiendo.

Empezaba a perderse el concepto de tiempo.

Un día podía parecer como un año y un año durar un mes.

Las calles habían sido invadidas por vendedores ambulantes que ofrecían plomo de contrabando; las casas y edificios se tornaron gris plomo y las avenidas llenas de agujeros, túneles y alcantarillas rotas.

Deambulaban papalaguis arruinados por los parques, indigentes pidiendo limosna y astrólogos que cobraban por adivinar la hora. Otros se agruparon y formaron bandas de atracadores. En las fachadas de las residencias y negocios se veían carteles de "Se vende", pero nadie compraba.

La orquesta permanente de cucús, cajas musicales y tictacs, había sido remplazada por gritos, disparos y sirenas de ambulancia.

Adopción secreta

Seguidores de Amila Nuta, habían encontrado huevos en el sótano de su garaje, pero no se atrevieron a entregarlos a las autoridades, pues había rumores de que estos huevos tenían extraordinarias propiedades alimenticias, medicinales y alucinógenas y eran objeto de comercio clandestino. Los llevaron directamente a casa de Amila Nuta, pues desconfiaban de lo que pudieran hacer con ellos la policía o agentes del gobierno corruptos.

Seis brillantes huevos nacarados, del tamaño de una sandía, reposaban en el tapete de la sala en la casa de Amila Nuta. No podía destruirlos, ni dar avisos a las autoridades o a sus compañeros del grupo élite, pues sería traicionar la confianza de sus adeptos. No sabía qué hacer.

Decidió entonces conservarlos para experimentar con ellos.

Esa noche mientras ardía en la chimenea un fuego acogedor, Amila raspaba la cáscara tornasol de uno de los huevos para sacar material y así conocer sus elementos químicos constitutivos.

¡Al interior del huevo se sintieron vibraciones y...!

¡Crunch! Surgió sorpresivamente un brazo rompiendo el cascarón; luego asomó la cabeza y finalmente saltó un pequeño monstruo sobre el tapete: Un auténtico y hambriento tragarrelojes se encontraba en la casa. Se desperezó, estiró los brazos, bostezó y finalmente se dedicó a curiosear y a revisar el lugar, muy posiblemente en busca de relojes, de su alimento.

Al principio buscaba con calma y no parecía darse por enterado de que Amila le estaba observando, pero luego le entró cierto nerviosismo y comenzó a reír mientras revisaba y escarbaba con más velocidad en los cajones del armario y el escritorio.

Amila se apresuró a traer una caja con relojes y repuestos viejos que guardaba en el taller del sótano, pero cuando regresó, ya no era solo uno, sino cuatro pequeños monstruos los que desbarataban la casa daban saltos mortales, se colgaban de las lámparas, reían y hacían volteretas mientras revisaban cada centímetro del lugar.

Cuando Amila entró, los cuatro pequeños se detuvieron al instante y lentamente dirigieron su mirada a la caja que traía Amila, detectaron la presencia de los relojes y rodaron a botes al pie de Amila rogando con pequeños lamentos y chillidos, arrodillados levantaban los brazos y juntaban las manos suplicando por un reloj. Amila conmovida vació parte del contenido de la caja sobre el piso y los tragarrelojes se abalanzaron sobre ellos, los cogían, los olían y los devoraban con un gusto provocador. Después de apaciguar el hambre urgente, tomaban delicadamente los repuestos y los organizaban de grande a pequeño, hacían círculos y construcciones de equilibrio, para finalmente irlos comiendo uno a uno, mientras desarmaban su creación.

Amila entretenida con el espectáculo, pero consciente de las habilidades de las criaturas para romper paredes, aprovechó que estaban distraídas y salió a conseguir jaulas de plomo y relojes, precisamente lo que más escaseaba en esos tiempos. Acudió a sus adeptos políticos, quienes ofrecieron proveer de relojes a sus pequeños huéspedes.

Se dirigió a la sede del grupo élite con la certeza de que allí conseguiría las jaulas.

Durante el trayecto pensaba si sus compañeros de trabajo permitirían el experimento que había iniciado, es decir ¡La cría de tragarrelojes!

A la entrada de la sede se encontró con Durín Flat, quien salía muy apresurada. Amila la detuvo del brazo.

– ¡Necesito conseguir jaulas de plomo! –

– Acaban de prohibir capturarlos vivos, Tenía a cuatro en observación y estaba por descubrir su sistema de comunicación a distancia. ¡Pero escaparon! Y han decidido eliminarlos a todos. – Contestó Durín dando un golpe de decepción sobre el mostrador de la recepción.

Amila la llevó a parte y le habló en secreto.

– ¿Y si te digo que tengo un grupo de ellos para que puedas trabajar? –

– ¿Hablas en serio? – Respondió Durín, encantada con la posibilidad de continuar con su trabajo.

– Si, solo necesito conseguir las jaulas. –

– Si quieres conservar contigo a esos traviesos seres, las jaulas no son apropiadas. –

– ¿Qué quieres decir? –

– Vamos a verlos y te cuento por el camino. Ellos, en el transcurso de su corta existencia, desarrollan un lenguaje de comunicación afectiva, risas y llantos, júbilo y tristeza, entre otros. Su vida es un juego de retos. Si los encierras en una jaula, inmediatamente el juego se convierte en encontrar la manera de escapar. Pero si por el contrario los mantienes en casa con las puertas y ventanas abiertas, pero los impresionas con juegos, comida y amor, no se irán. Naturalmente el problema es conseguir suficientes relojes. –

– Por eso no te preocupes. Ya llegamos. –

Al abrir la puerta de la casa, Amila y Durín encuentran los cojines de los muebles organizados en el piso, formando un círculo debajo de la lámpara, los muebles colocados como un laberinto que conduce a la cocina y por el cual apenas podían pasar. Las ollas forman torres. El reloj temporizador del horno, devorado. Las frutas y verduras, esparcidas por el piso. La licuadora prendida chorreando espuma de jabón y agua...

¿Y los traga relojes... Dónde están?

¡En el jardín! Se balanceaban en las cuerdas de la ropa para tomar impulso y caer justo en el agua del lavadero.

Ahora eran seis. Y era un alivio verlos en casa tan divertidos.

Amila sintió algo que nunca en la vida había experimentado; su rigor por el estudio y su dedicación por el trabajo, no le habían dado tiempo de comprender el significado de ser madre. Este sentimiento comenzaba a surgir en el corazón de esta excepcional mujer, y nacía con este pequeño grupo de tragarrelojes.

Durín salió al patio, reía divertidísima de ver a los pequeños. Ellos se contagiaron de sus carcajadas y olvidaron sus ocupaciones. Esta era una bienvenida. Así Durín les daba palmaditas cariñosas en la cabeza, que ellos respondían poniendo el trasero para que los golpeara. Durín ruborizada, respondió de inmediato. = ¡No! = Y se quedó quieta, paralizada como una estatua. Los tragarrelojes reían y se quedaban quietos, como Durín.

Aprendían el significado de la negación con la palabra, "No".

Durín palmoteaba hacia lo alto mientras entraba en la casa, los tragarrelojes la seguían aplaudiendo y saltando.

Entretenidos en esto, de repente se escuchó un alarido.

= ¡Policía... Tragarrelojes en el vecindario! – Gritaba una señora asomada por la ventana de un tercer piso, con el auricular del teléfono en la mano.

Amila intentó tranquilizarla y explicar lo que sucedía, cuando se escucharon las sirenas de ambulancia.

= ¿Qué hacemos? – Preguntó con angustia Amila.

= Hay que obligarlos a escapar, pero va a ser muy difícil, pues ahora ellos confían en nosotras. =

= ¡Pues habrá que obligarlos a desconfiar! =

Y tomó una escoba que bamboleaba a diestra y siniestra arremetiendo contra las aterradas criaturas que corrían orinando por toda la casa y finalmente escaparon haciendo túneles en el piso.

Cuando la policía llegó, habían desaparecido.

Descubrimientos

La teoría de Ugar Tom la explicó mientras proyectaba un plano en la pantalla frente al grupo élite reunido en la sala de juntas:

– Si analizamos la ciudad vista desde arriba, vemos que la catedral es el centro, no solamente físico y geográfico de nuestro país, sino energético y espiritual. Las grandes empresas y fábricas se distribuyen circularmente en un área equidistante, luego viene un círculo mayor de urbanizaciones residenciales. Y más abierto y disperso en el campo, pequeñas poblaciones de artesanos, campesinos y talleres satélites de repuestos que se distribuyen por todo el país. Esta organización crea un gigantesco campo magnético.

Pues bien, exactamente aquí, debajo de la torre de la catedral donde se encontraba el reloj, es el lugar que coincide con el centro magnético, aquí, tres metros bajo tierra, justo debajo del reloj de la torre, las condiciones especiales de energía, humedad y temperatura dieron origen a la vida. Material orgánico fosilizado que conservó la memoria genética de antiguos y extraños seres, células con vida latente evolucionaron en cuestión de días para formar una nueva criatura, un tragarrelojes, una hembra, quien se gestó y se nutrió de la energía emanada de nuestros relojes y nuestra organización urbana. –

La doctora Mari Gorín que había hecho un minucioso examen a las criaturas enjauladas y analizado el ADN, la sangre y otras substancias, explicó a sus compañeros:

– Esta primera criatura tenía ya en su vientre un solo huevo, del que nació su pareja, el primer varón. Muy activo sexualmente y por eso se reproducen como conejos, cada hembra en tiempo de fertilidad pone dos huevos diarios, hembra y varón, y cada huevo no tarda más de seis días en reventar. –

Durín Flat agregó. Les encanta aparearse y hacen el amor continuamente con ritos, caricias y toda clase de juegos y posiciones lujuriosas.

Los tragarrelojes tienen una vida muy intensa y corta, viven a lo máximo un mes, solo seis días de su tercera semana son fértiles, pero en ese tiempo una pareja puede tener veinticuatro hijos y comerse unos novecientos relojes. –

Y el doctor Kody Lancer interrumpió.

– La primera generación de crías hicieron túneles hacia los lados en forma radial siguiendo la dirección del campo magnético y ajustándose a los ángulos de cada una de las posiciones horarias de un gran reloj de manecillas, es decir cada treinta grados. –

Y antes de continuar, proyectó un diagrama en el que aparecía la madriguera central conectada a otras doce, justo en los lugares de los números de un reloj.

– En cada una de estas habitaciones se acomoda una apareja que da a luz veinticuatro críos en dos semanas, y estos a su vez, vuelven a ramificarse en doce túneles que terminan en nuevas madrigueras que alojan parejas familiares. Y así sucesivamente. – Y terminó de dibujar una estrella de doce rayos, cada uno de ellos subdividido en otros doce. – Finalmente señaló un tercer anillo en el papel. – Debemos estar más o menos por aquí, en la tercera generación es decir que deberían haber nacido en total unas cinco mil ciento ochenta y cuatro criaturas. Bien, no lo han hecho así, gracias a que hemos eliminado a muchas y otras fueron capturadas para su observación, pero según mis cálculos, todavía hay más de mil doscientas, reproduciéndose y comiendo sin parar. –

Durín Flat se puso de pié y dijo enfática.

– Está claro que es la energía, el magnetismo que producen los relojes, lo que mantiene vivas a estas criaturas, les da vida y las atrae. No se alimentan del material del reloj, pues hemos comprobado que no comen cualquier máquina, ni siquiera piezas nuevas de reloj que no hayan sido usadas, su alimento es el campo herciano que producen los relojes al medir el tiempo.

Me atrevo a pensar que si no hay relojes tampoco habrá tragarrelojes. –

Y finalmente concluyó Amila Nuta que hablaba por primera vez.

– Los tragarrelojes son una reacción de la naturaleza.

Cuando hay superpoblación de una misma especie, la naturaleza busca la manera de controlar estos excesos. Los cultivos exagerados de una sola planta producen las plagas, la abundancia facilita la vida de aquellos que habitan y se alimentan de ella. Este es el equilibrio natural.

Así mismo hemos exagerado con nuestra obsesión, en nuestro rigor por el tiempo y su sincronía con el movimiento, el orden y la precisión, son el gran polo positivo que atrae con fuerza a su contrario, es decir al desorden, al juego loco y desmedido, la burla a la exactitud. Y creo que esto es lo que significan los tragarrelojes. –

= ¿Quiere decir, con eso, que somos nosotros mismos los culpables de nuestra destrucción...? No lo creo. – Declaró Tato Ming y salió de la sala de juntas francamente disgustado, no podía aceptar que unos seres tan pequeños e infantiles, pudieran ganarle la partida a una especie tan poderosa.

= ¡Ellos no atacan a nadie, solo juegan y comen relojes! –

Alcanzó a decir Amila Nuta antes de que Tato Ming diera un tremendo portazo al salir.

Y el grupo se dispersó en comentarios de indignación.

El ataque final

Tato Ming volvió a la sala de juntas cargado con un gran tanque sobre sus hombros, lo dejó caer estrepitosamente sobre la mesa y continuó diciendo.

= Con el mapa que nos ha enseñado Ugar, sabemos en que puntos bajo la tierra están localizados estos bichos, la trampita de hacer relojes con piezas de plomo para envenenarlos, no funciona, pues ahora se los comen y dejan los trozos de plomo como sacando huesos al comer pollo.

Han aprendido a defenderse con aparatos antibalas y cascos. Informaciones de inteligencia indican que han copiado nuestras tecnologías para construir máquinas. El peligro es inminente y tenemos que actuar de inmediato.

Este tanque contiene un gas de alta concentración de plomo, no solo es mortal para los tragarrelojes, sino que puede causar contaminación en el cuerpo humano. Propongo que sean fumigadas todas las madrigueras ahora mismo. =

El grupo exaltado aprobó la propuesta y se puso en marcha el plan de exterminio. Solo Amila Nuta y Durín Flat dejaron constancia de su desacuerdo.

Doce tractomulas cargadas de tanques con el gas atravesaron las avenidas de la ciudad y fueron colocadas estratégicamente en los puntos calculados por Kody Lancer. Tato dirigió personalmente la operación. Con taladros para la perforación de pozos, se hicieron simultáneamente los conductos hasta llegar a los laberintos de túneles y madrigueras.

En los tejados y terrazas de los edificios cercanos, fueron dispuestos francotiradores.

A la señal de una sirena, las bombas se activaron y el gas se inyectó por los laberintos subterráneos de los invasores, quienes morían en una confusión de alaridos y toses aterradoras. Aquellos que lograban salir, los esperaban las balas de los francotiradores.

Pero los temores de Tato Ming el guerrero, no eran infundados.

Unos metros más allá de la matanza, donde empieza a verdear el campo. De la tierra brotaron como cucarrones voladores varios tragarrelojes en pequeñísimos helicópteros anaranjados de pedal que apenas tenían hélice y silla. Salieron unos cincuenta de ellos provistos de cascos, máscaras antigás y lo más desconcertante, empuñaban unas pequeñas raquetas amarillas.

Iban provistos de taladros en la parte frontal de estas ingeniosas maquinitas voladoras que se dirigían directamente a las fortalezas de plomo donde guardaban sus preciados relojes.

Increíble, describían bellísimas piruetas en el aire, al esquivar las balas de los francotiradores.

Tato Ming, boquiabierto ante el espectáculo, convocó a la fuerza aérea para que enviara aviones artillados y bombarderos.

Mientras unos se divertían abriendo huecos en las paredes de plomo con sus taladros, otros recibían las balas y las bombas a requetazo limpio, desviando su dirección hacia las bodegas de relojes o devolviendo los proyectiles a los aviones que explotaban causando hilaridad y risa a estas peculiares criaturas.

Los pequeños helicópteros fueron al rescate de sus compañeros sobrevivientes, quienes, provistos de paracaídas de colores y globos de helio, se dejaban caer en la entradas y orificios de las bodegas y como hormigas devoraban los relojes a una velocidad sorprendente.

Estaban acabando con los últimos relojes y los papalagui eran incapaces de evitarlo.

La impotencia y la desesperación ante este escenario, los dejó inmóviles y ya ninguno pudo hacer nada para evitar la catástrofe.

Solo Tato Ming, desesperado de indignación, al ver que nadie reaccionaba, se lanzó dentro de las bodegas disparando y golpeando a patadas, mordiscos y artes marciales. Pero los tragarrelojes se divertían devolviendo las balas con sus raquetas, esquivando y haciendo una ronda de imitaciones, mimos y sarcasmos, a tal punto que Tato Ming murió de un ataque de indignación.

Se comieron todos los relojes.

En el instante en que fue tragado el último, el campo energético desapareció y se detuvo el tiempo en Papalá.

Un silencio absoluto se propagó por todo el país. El cielo se tornó anaranjado violáceo.

Y los monstruos tragarrelojes al no encontrar su alimento comenzaron a morir de hambre. Los que aún volaban se desplomaron como fruta madura.

Y los tragarrelojes, estas criaturas que parecían indestructibles, inexpugnables, estos curiosos bichos; habían caído inertes en el suelo y ahora se deshacían, se derretían y desmoronaban. Su energía se acabó por completo y se convirtieron en polvo que el viento se llevó. Desaparecieron por completo sus juegos y volteretas, sus saltos, sus aplausos, sus risas y sus ingenios.

El viento soplaba llevándose las últimas cenizas, nubes de gas y vestigios de la guerra que todos habían perdido.

Los papalagui entraron en un estado de profunda depresión.

Aquello que era el sentido de su existencia, aquello por lo cual habían trabajado durante siglos, esa civilización basada en el tiempo, en la medición y precisión de sus actos, el movimiento cíclico y rítmico del universo, había desaparecido en pocos meses.

Sin relojes no les fue posible medir ni contar el tiempo. Pero tampoco era necesario, pues ya no querían relojes, ni muros, ni rejas.

Sin la noción del tiempo, la vida perdió su sentido, y por consiguiente deambulaban por entre las ruinas. Comían desperdicios de la basura solo para mantener la vida mientras durase. Vestían con andrajos, cobijas y trapos amarrados. Dormían donde les cogía la noche y allí terminaba su diario trasegar.

La total decepción los dejó sumidos en un letargo que duró años.

Renacimiento

Pero finalmente un día despertaron como si hubiesen salido de una pesadilla de mil años.

Y se produjo una inmensa energía creativa que invadió las emociones, los sentimientos y la percepción sensitiva de los habitantes del legendario Papalá.

Ahora la brisa traía olores y roces en la piel, que incitaban a la contemplación, a caminar sin rumbo en busca de experiencias nuevas. A jugar con las hojas secas, las piedras, plomos y ruinas haciendo dibujos y composiciones descabelladas.

Todo se veía, se sentía y escuchaba extraordinariamente diferente.

¡El tiempo había quedado libre!

Ahora podían descansar y dedicarse a jugar, cantar, contar cuentos y divertirse sin rendir cuentas a nadie, sin temor a perder el tiempo. Reconstruyeron las ruinas de lo que consideraron más bello e interesante, sin ningún afán. Se trasladaron a los campos a cultivar la tierra y a disfrutar de la naturaleza.

Cosas que nunca se habían visto aparecieron en Papalá.

Amila Nuta escribió sobre sus ruinas, una serie de libros épicos, filosóficos y poemas que recuerdan las aventuras con los tragarrelojes, sus valores y sus divertidas travesuras. Y de cómo produjeron un cambio radical en los papalagui.

Aprendieron tanto de los tragarrelojes.

Ahora los habitantes del país son verdaderamente ricos, tienen todo el tiempo para disfrutar la vida.

Fin

www.ingramcontent.com/pod-product-compliance
Lightning Source LLC
Chambersburg PA
CBHW051940210526
45473CB00006B/2326